1片吐司

早餐・宵夜・甜點

小小巧思，口味大不同！

60變！

宮本千夏 著

笛藤出版

CONTENTS

PART 1

將喜歡的食材統統集合起來
放在吐司上面吧！

PART 2

忙碌時也能迅速享用
料理&吐司的絕配吃法

PART 3

四方形吐司的驚人改變！！
創意吐司大變身

本 書 圖 示
★食譜中的料理種類圖示如下

放在吐司上　　切　　　烤　　　夾　　　煎

◎ 計量的單位，1大匙=15ml，1小匙=5ml。
◎ 蔬菜類與雞蛋的大小請選購中型使用。
◎ 所有材料皆為1人份。
◎ 食譜中的微波加熱時間，以600W型的微波爐為基準。如家中的微波爐為500W型，請將加熱時間延長為1.2倍。
◎ 本書使用一般家庭常用的烤麵包機，開始烤前不預熱。書中的標準調理時間僅供參考。

吐司的基本知識

從早餐到宵夜，只要有一片，就能享受各種美味吃法的吐司麵包。
在這裡，要先為大家介紹平易近人的吐司，意外不為人知的「基本知識」。
知道了這些，一定能做出更美味的吐司料理。

基本 1　掌握吐司的種類

在超市與便利商店都能輕鬆買到的吐司。
名稱雖然都叫做「吐司麵包」，但種類其實分為很多種。

一般吐司
一般的吐司麵包呈四方形。是最能品嚐出小麥風味的基本款。

山形吐司
通稱「英國麵包」。吐司的上半部份如山形般隆起。

調味吐司
揉麵時加入蔬菜汁或其他調味，做出風味豐富的吐司麵包。所使用的食材顏色有時也會直接呈現在外觀上。

葡萄乾吐司
加入葡萄乾的吐司麵包。除了葡萄乾之外，也有加入堅果類的。

基本 2　吐司麵包的切法與美味調理法

一條約350公克的吐司麵包，以不同等分來切割時，能各自享受到不同厚度帶來的不同風味與口感。
選擇最適合的厚度來料理，徹底享受吐司的滋味吧！

切成10片
10等分切成薄片的吐司，味道清淡，不會妨礙沾醬或餡料等的風味與口感，最適合作成三明治或法式開胃菜。

切成8片
8等分的吐司很快就能烤熱，適合搭配簡單的食材。另外，作成三明治後的麵包份量較紮實。

切成6片
有一定程度的厚度，不烤直接食用時，口感柔軟美味。烤熱後食用，表面酥脆，內裡綿軟，和任何食材搭配都很好吃，可說是萬能厚度。

切成5片·切成4片
想要品嚐麵包本身素材風味時，建議可切成這樣的厚度。充分的厚度既可以烤熱也可以作成三明治，更可以挖空中心填入餡料，享受各種變化。

基本 3

如何作出美味的烤吐司

看起來似乎只是放入烤箱烤，其實出乎意外的可是大有訣竅。重點是先將烤箱預熱，然後以短時間很快將吐司烤得金黃焦酥。

先將烤箱預熱
放進吐司前，先預熱1～2分鐘。

放入吐司
等烤箱溫熱了，便可放入吐司。

趁熱塗上奶油
一烤好，就要趁熱塗上奶油。

基本 4

關於奶油的方便小技巧

絕對不會背叛吐司麵包的最佳拍檔，就是奶油了。善用方便小技巧，好好使用奶油吧。

先切成方便使用的大小
買回來的奶油，事先切成方便使用的大小，便於日後使用。

使用前先恢復柔軟度
冷藏變硬的奶油，在使用前預先從冰箱拿出來，以微波加熱恢復柔軟度，塗抹更順手。

保存於密閉容器
保存奶油時，為了不讓其他食物的味道沾染在奶油上，先使用鋁箔紙包起來後再保存於密閉容器內。

基本 5

鋪放食材的吐司怎麼烤

在吐司上鋪放食材進烤箱烤時，只要在食材疊放的順序以及水分的處理上多用點心思，多一點手續，烤出來的吐司將會美味倍增。

不易烤透的食材放在上層
肉類或是切得較厚的蔬菜等，比較難烤透的食材要放在上層，方便其受熱。

淋上起士與美乃滋
所有食材放上去後，最上面再疊上起士，或是淋上美乃滋，表面就能烤出微焦的漂亮金黃色。

水分與油要確實去除
如果水分或油不小心滲進吐司麵包裡，會影響到烤出來的吐司味道。開始烤前一定要確實去除。

基本 6

如何保存吐司麵包

一個不小心，吐司麵包就很容易乾掉，令人困擾。為了隨時想吃時都能品嚐吐司美味，就要花點工夫保存吐司。

開封後整袋裝入密閉容器保存

袋子打開後的吐司，保存時就連袋子一起裝入密閉容器，防止乾燥。

裝進保存袋冷凍

將吐司一片一片用保鮮膜包好後，裝進密封保存袋中冷凍。

如何烤冷凍過的吐司

剝除保鮮膜後，直接將冰凍的吐司放進烤箱，烤約4～5分鐘。（烤箱不需預熱）

基本 7

將吐司作成麵包粉活用烹飪

將冷凍過的吐司磨成麵包粉。自製的麵包粉可用來當炸東西時的麵衣，或加入濃湯等等，有很多用途。

〈活用麵包粉〉

將吐司冷凍起來

吐司用保鮮膜包好後放進冷凍庫冷凍。

研磨冷凍過的麵包

用磨蘿蔔泥等的烹調器具來研磨冷凍麵包，作出麵包粉。

加入濃湯

簡易沖泡的濃湯包，覺得太稀或味道不足的話，只要加入麵包粉就能增添濃稠度與美味。

基本 8

有備無患便利的吐司料理用具

奶油小刀與麵包砧板等，讓料理吐司更方便的用具。如果擁有的話，作吐司料理的過程也會更有效率。

奶油小刀

在吐司麵包上塗抹奶油時不可或缺的工具。

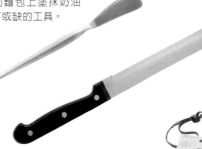

麵包刀

切麵包的專用刀，有著波浪狀的刀刃。

麵包砧板

切麵包時，麵包屑會落入溝槽中，清理起來相當方便。

小小巧思，吐司美味度 UP！

一起製作各種享受吐司美味的創意配料吧！

平常每天不以為意吃著的吐司麵包，
只要花點心思製作各種奶油或沾醬搭配品嚐，就更能享受吐司的美味。

黃芥末奶油

作法

1. 先將奶油（1大匙）放置室溫使其恢復柔軟。
2. 將奶油與黃芥末醬（1小匙）混合攪拌均勻即可。

墨西哥莎莎醬

作法

1. 將蕃茄（兩顆）略切成丁後，篩除水分。將洋蔥（⅙個）與青椒（½個）切碎一起備用。
2. 將蕃茄、洋蔥、青椒一起放入碗中，加入蕃茄醬（4大匙）、墨西哥辣醬（適量）、鹽和胡椒（適量）調味。

豆腐＆ 奶油起士 沾醬

作法

1. 仔細擠掉嫩豆腐（50g）的水分。將奶油起士（25g）放在室溫中軟化備用。
2. 將豆腐與奶油起士攪拌混合，適量撒上切碎的萬能蔥（細蔥）。

草莓牛奶 優格沾醬

作法

1. 將原味優格（100g）放入茶壺濾網，放置一個晚上除去水分。
2. 將1放入碗中後，再放入加糖煉乳與草莓果醬（各2大匙），輕輕攪拌 2 ～ 3 次，全體呈現大理石狀紋路時即告完成。

※ 以上材料皆採取方便製作的份量。

將麵包烤出種種可愛的形狀

只要利用鋁箔紙，就能在吐司表面烤出各種可愛的形狀，最適合用在製作小朋友的點心，或招待客人時使用。

將鋁箔紙剪出形狀
將鋁箔紙剪出自己喜歡的形狀。

將鋁箔紙放在吐司上
將剪下的鋁箔紙放在吐司上，事先在吐司表面塗抹奶油的話，烤出來的顏色會更明顯漂亮。

完成
放置鋁箔紙的部份沒有烤焦，而其他部份則烤成金黃微焦的顏色，呈現可愛的圖案。

PART
1

將喜歡的食材統統集合起來
放在吐司上面吧！

將食材放在吐司上的 3 個要訣

1 將食材切成方便食用的大小

將要放在吐司上的食材，事先切成方便食用的大小，不但能提高料理的效率，而且在食用時，也不會妨礙咀嚼。所以事先將食材切成方便食用的大小吧。

2 均衡地擺放在吐司上

擺放食材時要注意均衡。如此一來食用時的味道才會均一，用烤箱烤時火力也才能充分均勻的遍及所有食材。完成後的外觀既好看又美味。

3 烤好之後，馬上食用！

料理完成之後，馬上一口咬下，品嚐美味吧。剛完成時的滋味是最棒的，可不要錯過囉。

披薩吐司

材料

吐司麵包（切成6片的厚度）……1片
洋蔥…… ¹⁄₁₂ 個
培根……1片
蕃茄…… ¹⁄₆ 個
披薩專用起士絲……適量
青椒…… ¹⁄₄ 個
披薩醬料……適量
美乃滋……適量

作法

① 將洋蔥切成薄片，培根切成小段，蕃茄切成半月形4片，青椒也切成4個圈狀備用。

② 在吐司表面塗抹上披薩醬料。

③ 依照洋蔥、培根、蕃茄、起士、青椒的順序將食材擺放上去。（a）

④ 在全體食材的最上層表面平均擠上美乃滋（b），用烤箱烤約6分鐘，直到烤出漂亮金黃色時即告完成。

美味必殺技！

將切好的食材放在吐司上
放置時注意食材的高度要平均，全體高度一致，烤的時候加熱的程度也才會一致。

擠上美乃滋
最後擠上美乃滋作為最後一道調味的手續，能增添適度的酸味，讓整體味道更溫醇。

淡淡香甜的玉米非常美味

玉米美乃滋吐司

材料

吐司麵包　　　　　　　　玉米粒（罐頭）……2大匙
（切成6片的厚度）……1片　美乃滋……適量
洋蔥……½ 個　　　　　　西洋芹……適量
披薩專用起士絲……適量

作法

❶ 將洋蔥切碎。

❷ 按照洋蔥、起士、玉米粒的順序將食材擺放上去。（a）

❸ 在全體食材的最上層表面平均擠上美乃滋，用烤箱烤約6分鐘，
　直到烤出漂亮金黃色。最後再撒上切碎的西洋芹。

美味必殺技！

a

撒上玉米粒時要均等

在吐司表面均等撒上的玉米粒，烤過之後會與下方的洋蔥及起士融合在一起，非常美味。

放上鬆軟的歐姆蛋，增加口感！

歐姆蛋吐司

材料

吐司麵包

（切成6片的厚度）……1片

奶油……適量

蛋……1顆

砂糖…… ½ 小匙

鹽……1小撮

牛奶……1大匙

蕃茄醬……適量

作法

① 在吐司表面塗抹一層奶油，用烤箱烤約4分鐘直到表面呈現金黃焦酥。

② 將蛋於碗中打散後，加入砂糖、鹽、牛奶後均勻混合。

③ 在預熱後的平底鍋中放上一塊奶油，倒入②製作歐姆蛋包。

④ 將歐姆蛋包放在①上（a），最後淋上蕃茄醬。

美味
必殺技！

a

歐姆蛋包的大小
不要超過吐司範圍
將歐姆蛋包對角線放在吐司麵包上可強調份量感，但注意不要超過吐司大小的範圍。

最適合早餐食用，入口濃稠的半熟蛋吐司

荷包蛋吐司

材料
吐司麵包（切成6片的厚度）……1片
奶油……適量
牛奶……少許
蛋……1顆

作法
① 將吐司的麵包邊切掉。因為之後要拿吐司邊做出邊框，所以請切成與內側白吐司部份相同長度。
② 在切邊後的白吐司表面塗抹一層奶油。
③ 吐司邊內側（切口部份）沾取牛奶，沿著白吐司的邊緣壓上去。在吐司麵包表面做出一個邊框。（a）
④ 在正中央放入蛋（b），一起進烤箱中烤約7分鐘，等雞蛋呈現半熟狀即告完成。

美味必殺技！

用吐司邊做邊框
用吐司邊內側沾取牛奶，沿著白色吐司部份的邊緣壓上去固定住。

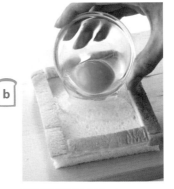

別直接將蛋打上去
先將蛋打在別的容器中，再慢慢倒入以吐司邊做出邊框的麵包容器中。如果直接將蛋打在麵包上，容易溢出邊框之外。

蘋果的淡淡甜味，是美味的關鍵

蘋果&鮪魚吐司

材料

吐司麵包　　　　　　　　鮪魚（罐頭）……1大匙
（切成6片的厚度）……1片　奶油……適量
蘋果……⅛個　　　　　美乃滋……適量
洋蔥……1/12個

美味
必殺技！

作法

① 將蘋果切成薄片，洋蔥切成約1cm見方備用。

② 在吐司表面塗抹一層奶油。

③ 蘋果、洋蔥、搗碎的鮪魚，按照以上順序將食材放上去。（a）

④ 在全體食材的最上層表面平均擠上美乃滋，用烤箱烤約6分鐘，
　　直到烤出漂亮金黃色即可。

材料要將整片吐司蓋滿
用蘋果、洋蔥、鮪魚將整片吐司蓋滿。

一口咬下，酸甜多汁的蕃茄便在口中擴散

蕃茄火腿起士吐司

材料

吐司麵包（切成6片的厚度）……1片　　小蕃茄……4個

卡門貝軟起士…… ¼ 個（約25g）　　奶油……適量

火腿……2片　　黑胡椒……適量

作法

1. 將起士切成8片薄片，火腿以扇形分為4等分，小蕃茄去帶切成兩半備用。

2. 在吐司表面塗抹一層奶油。

3. 起士、火腿、小蕃茄，按照以上順序將食材放上去。（a）

4. 用烤箱烤約6分鐘，直到烤出漂亮金黃色後，依個人喜好撒上適量的黑胡椒。

平均擺放三種食材

擺放時注意相同的食材不要放在一起，讓三種食材平均分散於吐司上。

蜂蜜與青黴起士的鹹味是絕妙的好搭檔

青黴起士&蜂蜜吐司

材料

吐司麵包（切成8片的厚度）……1片

青黴起士……一口大小

奶油……適量

蜂蜜……適量

作法

① 在吐司表面塗抹一層奶油。

② 將起士撕成小塊，均勻放置於吐司表面。

③ 用烤箱烤約4分鐘，直到烤出漂亮金黃色。

④ 依個人喜好淋上蜂蜜。（**a**）

　　蜜淋多一點口味會更醇厚。

最後完成時淋上蜂蜜

加上蜂蜜，能讓味道特殊的青黴起士變得更容易入口。

大蒜的香氣，讓人肚子咕嚕咕嚕～……

香蒜吐司

材料

吐司麵包（切成8片的厚度）……1片

大蒜……1瓣

西洋芹……少許

奶油……適量

作法

❶ 將大蒜與西洋芹切碎備用。

❷ 在吐司表面塗抹一層奶油，並將切碎的大蒜撒上去。（a）

❸ 用烤箱烤約4分鐘，直到烤出漂亮金黃色後，均勻撒上西洋芹。

美味必殺技！

均勻撒上大蒜

吐司的每個角落都要均勻地撒上大蒜，完成後的香蒜吐司蒜香濃郁更美味。

紅紫蘇的清爽香氣與個性十足的粉紅色外觀

水菜&雞絲梅子風味吐司

材料

吐司麵包（切成6片的厚度）……1片	美乃滋……2大匙
水菜……5支	砂糖……1撮
雞胸肉……1片	鹽……適量
青紫蘇葉……1片	胡椒……適量
A ┌ 紅紫蘇香鬆…… ½ 小匙	奶油……適量
└ 水……1小匙	

作法

① 將A與美乃滋，砂糖加在一起，作成粉紅醬。

② 雞胸肉撒上鹽與胡椒後，用保鮮膜包起來，微波加熱1分鐘。放涼之後，用手撕成細條狀，取一半份量的粉紅醬加入雞肉攪拌混合。

③ 將水菜切成2cm長，青紫蘇葉切碎備用。

④ 在吐司表面塗抹一層奶油，用烤箱烤約4分鐘，直到烤出漂亮金黃色。

⑤ 按照水菜，雞胸肉的順序將食材擺放上去。

⑥ 淋上剩下的一半粉紅醬（a），將切碎的青紫蘇葉擺上去。

美味
必殺技！

淋上粉紅醬

剩下一半的粉紅醬，再最後淋上去做裝飾，漂亮的色彩也刺激食慾。

不僅口感絕佳，濃厚的滋味也令人讚不絕口

高麗菜&罐頭牛肉吐司

材料

吐司麵包（切成8片的厚度）……1片

高麗菜…… ½ 片

罐頭牛肉……適量

奶油……適量

顆粒黃芥末……適量

美乃滋……適量

作法

❶ 將高麗菜切成1cm見方備用。

❷ 在吐司表面塗抹一層奶油，再塗上一層顆粒黃芥末醬。

❸ 將切好的高麗菜與罐頭牛肉均勻放在吐司上。（a）

❹ 全體擠上美乃滋，用烤箱烤約6分鐘，直到烤出漂亮金黃色即可。

美味
必殺技！

a

**罐頭牛肉分別以
一口大小放在吐司上**

用叉子將罐頭牛肉以一口大小
取出，均勻放在吐司上。

將大受歡迎的鐵板料理作成單手就可食用的美味

大阪燒風味吐司

材料
吐司麵包（切成6片的厚度）……1片
高麗菜…… ½ 片
披薩專用起士絲……適量
豬五花肉……1片
大阪燒醬汁……適量
美乃滋……適量
紅薑……適量
柴魚片……適量
青海苔……適量

作法
❶ 將高麗菜切碎，豬五花切成一口大小備用。
❷ 高麗菜、起士、豬五花、按照以上順序放在吐司上。（**a**）
❸ 用烤箱烤約6分鐘，直到豬五花烤熟為止。
❹ 大阪燒醬汁、美乃滋、紅薑、柴魚片、青海苔，按照以上順序層層加上去。（**b**）

美味必殺技！

a

將豬五花放在上層烤
將豬五花放在上層，才容易受熱烤熟。

b

最後一道手續
等豬肉烤熟後，最後再層層加上醬料，美乃滋、紅薑、柴魚片、青海苔等做最後的加味與裝飾。

酥酥脆脆像吃點心餅乾的口感

起士條吐司

材料

吐司麵包（切成8片的厚度）……1片
美乃滋……適量
起士粉……適量

作法

❶ 在吐司表面塗抹一層美乃滋，縱切成4等分棒狀。

❷ 吐司全體撒上起士粉（**a**），用烤箱烤約4分鐘，直到烤出漂亮金黃色即可。

撒上起士粉
將起士粉撒滿吐司每個角落，烤出來的成果就會像起士口味的小點心般美味。

夏威夷吐司

鳳梨酸甜回甘令人難忘

材料

吐司麵包（切成6片的厚度）……1片
火腿……2片
披薩專用起士絲……適量
鳳梨（罐裝）……1片
蕃茄醬……適量

作法

❶ 在吐司表面塗抹一層蕃茄醬。

❷ 火腿、起士、鳳梨，按照以上順序層層疊放。（a）

❸ 用烤箱烤約4分鐘，直到起士融化為止。

美味必殺技！

鳳梨最後放上去
含有較多水分的鳳梨最後放上去，才不會影響到吐司烤好後的酥脆口感。

黃金奇異果&生火腿吐司

材料

吐司麵包（切成8片的厚度）……1片
黃金奇異果…… ½ 個
生火腿……2片
黑胡椒……適量
橄欖油（特級初榨橄欖油）……適量
義大利芹菜……適量

作法

① 將奇異果薄切並切成半月形，生火腿切成一口大小備用。

② 切掉吐司左右兩側的吐司邊後，再對半縱切（a）。

③ 將奇異果與生火腿各自交互疊放在對半切好的吐司上（b），撒上黑胡椒。

④ 淋上橄欖油，再撒上義大利芹菜。

a

將吐司切開
先切除吐司左右兩側的吐司邊，再對半縱切後，就能成為方便取用的長條形。

b

奇異果與生火腿要交互疊上
將奇異果與生火腿交互疊上，不僅外表美觀，吃進口中的瞬間更能同時品嚐到兩種口味。

入口滿滿都是香甜柔軟的水果

蘋果葡萄乾吐司

美味
必殺技！

材料

吐司麵包（切成6片的厚度）……1片

蘋果…… ½ 個

葡萄乾……1大匙

砂糖……1大匙

奶油……適量

作法

① 將蘋果切薄片備用。

② 在耐熱碗中放入①，再撒上砂糖。加入葡萄乾後，用微波爐加熱
2分鐘。

③ 在吐司表面塗抹一層奶油，用烤箱烤約4分鐘，直到烤出漂亮金
黃色即可。

④ 將②放在烤好的吐司上。（a）

**將蘋果與葡萄乾
擺滿整片吐司之上**

蘋果與葡萄乾均勻的擺滿吐司
的每個角落。

吃完後口中的清爽餘味令人上癮

卡布里蕃茄沙拉吐司

美味
必殺技!

材料

吐司麵包
（切成6片的厚度）……1片
莫札列拉（Mozzarella）
起士…… ½ 個（約50g）
蕃茄…… ¼ 個

鹽……適量
黑胡椒……適量
橄欖油（特級初榨橄欖油）……適量
羅勒……適量

作法

① 將起士與蕃茄切成環狀備用。

② 按照起士、蕃茄的順序疊放在吐司上。

③ 撒上鹽與黑胡椒，淋上橄欖油。（**a**）最後點綴上撕成小片的羅勒葉。

a

淋上橄欖油
淋上橄欖油，橄欖油的清爽香氣與醇厚風味能使美味倍增。

29

輕 鬆 就 能 享 用 酪 梨 & 鮮 蝦 的 超 人 氣 組 合

酪梨鮮蝦吐司

材料

吐司麵包
（切成8片的厚度）……1片
酪梨…… ¼ 個
蕃茄…… ¼ 個
蝦子……4隻
鹽……適量

胡椒……適量
美乃滋……1大匙
酒…… ½ 小匙
義大利芹菜……適量

作法

❶ 將酪梨、蕃茄各自切成骰子大小，與鹽、胡椒以及美乃滋攪拌均勻。

❷ 蝦子剝殼去筋後，以鹽，胡椒以及酒浸過，再以微波加熱1分鐘。

❸ 將吐司縱橫切成四等分。

❹ 將❶與❷依序擺放在切好的吐司上。（**a**），最後放上義大利芹菜做裝飾。

最後放上蝦子
蝦子放在最上面，完成後的外觀看來就會相當豪華。

濃厚的起士呈現絕品風味

鮭魚沾醬吐司

材料

吐司麵包（切成8片的厚度）……1片　　奶油起士……2大匙
小黃瓜……適量　　　　　　　　　　美乃滋……1小匙
鮭魚薄片……1～2小匙　　　　　　　萬能蔥（細青蔥）……適量

作法

① 將小黃瓜切成半月形備用。

② 將鮭魚薄片、奶油起士以及美乃滋混合在一起攪拌均勻，作成沾醬。

③ 切除吐司四邊，對角線交叉切開。

④ 在切好的吐司上適量抹上②的沾醬，再放上小黃瓜。（a）最後撒上切碎的萬能蔥。

美味必殺技！

放上小黃瓜裝飾
裝飾了小黃瓜，看起來顏色美觀，吃完後餘味清爽。

活用吐司邊的美味魔法

吐司分為「白吐司部份（CRUMB）」與「吐司邊（CRUST）」

一條吐司，可看出分為白色部份與茶色的吐司邊，大家知道這兩個部位其實都各自有
其專門的稱呼嗎？白吐司部份稱為「CRUMB」，茶色的吐司邊則稱為「CRUST」。
CRUMB的柔軟白吐司部份，可以品嚐到小麥原有的風味，鬆軟的口感是它的特徵。而
外層的茶色吐司邊，則具有口感嚼勁，越嚼越香的香氣就是它最大的魅力。

CRUST（吐司邊）

CRUMB
（白吐司部份）

吐司為什麼
會出現吐司邊呢？

吐司在烘培時，放入四角
形的容器中進入烤箱烘
烤。這時麵糰與金屬容器
接觸的部份，就會烤出焦
酥的顏色來，這就是吐司
邊。市面上販賣的吐司都
很用心製作，連吐司邊都
很講就是否香酥，具有適
度的嚼勁與口感。

清脆香酥，活用了吐司邊的口感

吐司邊脆餅

材料

吐司邊……1片份（共4條）

奶油……½ 小匙

細砂糖……¼ 小匙

作法

1. 將吐司邊切成三等份備用。
2. 將奶油以微波加熱10秒使其融化。
3. 吐司邊充分沾取奶油以及細砂糖後，放
   進烤箱烤約5分鐘，直到呈現酥脆口感即
   可。

說到吐司，就不可不提「吐司邊」。
在此介紹活用烤箱烤過後的口感所製作出的各種吐司邊魔法食譜，讓不起眼的吐司邊大復活！
即使是原本不喜歡吃「吐司邊」的人，也能在這裡發現美味喔。

黃豆粉＆濃稠黑糖蜜，懷舊和風味～

黑糖蜜黃豆粉吐司邊

材料
吐司邊……1片份（共4條）
奶油……½ 小匙
黃豆粉……¼ 小匙
黑糖蜜……適量

作法
1. 將吐司邊對半切好備用。
2. 將奶油以微波加熱10秒使其融化。
3. 吐司邊充分沾取奶油，放進烤箱烤約5分鐘，直到呈現酥脆口感。
4. 將黃豆粉與黑糖蜜淋在3上，即告完成。

一 吃 進 口 中 ， 便 感 到 充 滿 來 自 海 洋 的 風 味

青海苔吐司邊脆餅

材料
吐司邊……1片份（共4條）
奶油……½ 小匙
青海苔……適量

作法
1. 將吐司邊事先撕成容易食用的大小備用。
2. 將奶油以微波加熱10秒使其融化。
3. 吐司邊充分沾取奶油與青海苔，放進烤箱烤約5分鐘，直到呈現酥脆口感即可。

為 每 天 食 用 的 優 格 增 添 不 同 風 味

穀片風味吐司邊

材料
吐司邊……適量
原味優格……適量
藍莓果醬……適量

作法
1. 將吐司邊切成塊狀。
2. 切成塊狀的吐司放進烤盤，烤約5分鐘。
3. 將藍莓果醬淋上優格，再放上2即告完成。

PART 2

忙碌時也能迅速享用

料理＆吐司的絕配吃法

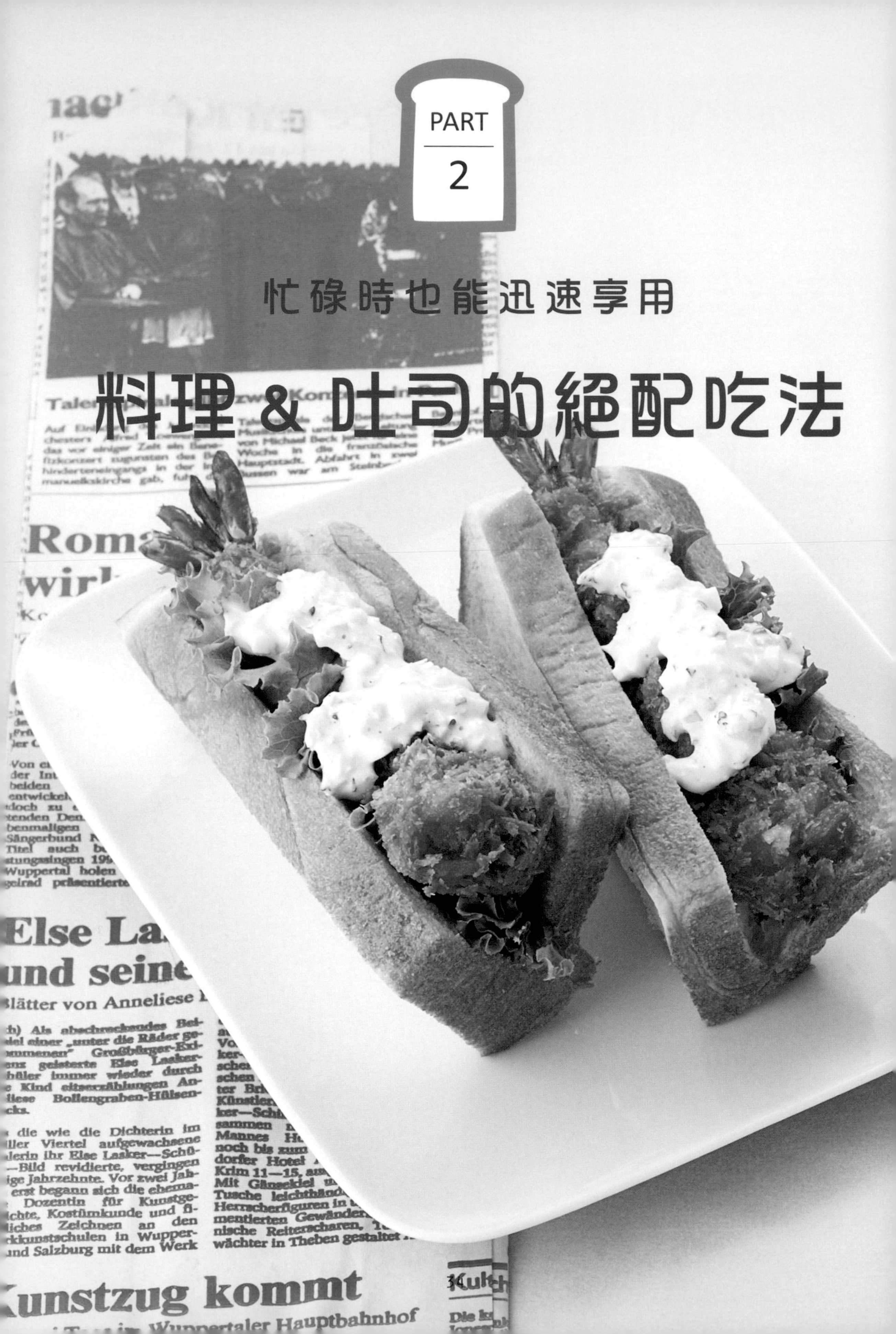

使用餐桌料理搭配吐司的 3 個要訣

1 買現成的料理回來

自己做的菜當然也可以，但直接買現成的料理回來使用也不失為一個好辦法。平常不當一回事吃著的家常菜，搭配吐司之後也能搖身一變成為豪華料理。

2 將料理&吐司搭配起來

料理吐司的特徵，就是搭配用的料理已經是完成品。只要將料理用新鮮柔軟的吐司或烤過的香酥吐司搭配起來，肚子餓的時候馬上就能食用。

3 加以調味

「如果味道能再香濃一點就好了啊……」這麼想的時候，就自己再下點功夫調味。搭配好的料理吐司，若能加上自己喜愛的口味就更享受了。

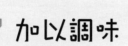

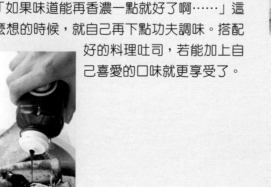

融化的起士好～香～濃。飽滿的份量也叫人大大滿足！

漢堡排吐司

材料

吐司麵包（切成6片的厚度）……1片
漢堡排……1個
西洋生菜……1片
切片起士……1片
黃芥末奶油（參考P.7）……適量
美乃滋……適量
水田芥（watercress）……適量（裝飾用）

美味
必殺技！

作法

① 先將漢堡排用微波爐加熱。生菜切成方便食用的大小備用。
② 在吐司表面塗抹一層奶油。（a）
③ 按照順序放上生菜與漢堡排，淋上美乃滋，最後蓋上切片起士。
　（b）裝盤放上水田芥做裝飾。

a

**均勻地將奶油融入麵包般
的塗抹**

塗抹奶油時，每個角落都不遺
漏，且要將奶油與麵包融合在
一起似的塗抹上去。

b

用餘溫融化起士

最後在加熱過的漢堡排上蓋上
一片起士，用餘溫融化它。

香酥的口感襯托咖哩的辛香濃郁

咖哩吐司

材料

吐司麵包（切成6片的厚度）……1片

咖哩（即食包）…… ⅓ 包

披薩專用起士絲……適量

美乃滋……適量

西洋芹……適量

作法

❶ 在吐司表面抹上咖哩。（a）

❷ 將起士絲均勻撒在上面後，全體淋上美乃滋。

❸ 放進烤箱烤約6分鐘，直到烤出金黃微焦的顏色後，撒上切碎的
西洋芹即告完成。

將咖哩以塗抹方式放上吐司

把咖哩當成抹醬，塗抹於吐司
的每個角落，烤出來的味道就
會均勻且美味。

38

人人都愛的炸雞塊，搭配辣醬風味更吸引人

炸雞塊吐司

材料

吐司麵包（切成6片的厚度）……1片　　黃芥末奶油（參照P.7）……適量

炸雞塊……3個　　　　　　　　　　　美乃滋……適量

西洋生菜……1片　　　　　　　　　　綠苜蓿芽……適量

泰式酸甜辣醬……適量

作法

❶ 炸雞塊對半切開，裹上泰式酸甜辣醬。生菜切細絲備用。

❷ 在吐司表面塗抹一層奶油。

❸ 放上生菜，淋上美乃滋。最後再疊上炸雞塊（a），放上綠苜蓿芽做裝飾。

炸雞塊要擺放平整
先鋪好生菜再將炸雞塊放上去，這時要注意雞塊需擺放得漂亮平整。

清爽口感，就像在吃沙拉一樣

筆管麵沙拉吐司

材料

吐司麵包（切成6片的厚度）……1片

筆管麵沙拉……適量

西洋生菜……1片

黃芥末奶油（請參照P.7）……適量

西洋芹……適量

作法

❶ 將生菜撕成方便食用的大小備用。

❷ 在吐司表面塗抹一層奶油。

❸ 按照生菜、筆管麵沙拉的順序將食材放上後（a），裝盤放上西洋芹做裝飾。

美味必殺技！

放上滿滿的筆管麵沙拉

先鋪上生菜當作容器，上面再盛放大量的筆管麵沙拉吧。

炒麵三明治

美味必殺技！

材料

吐司麵包（切成4片的厚度）……1片

炒麵……適量

美乃滋……適量

青海苔……適量

紅薑……適量

西洋芹……適量

作法

① 切除吐司上下兩側的吐司邊，打橫對半切開。切開處再水平切下 ⅔ ，做出開口。（a）

② 將炒麵夾入切開的開口中，淋上美乃滋，撒上青海苔與紅薑。裝盤放上西洋芹作為裝飾。

慎重切出開口

切開時如果不小心切過頭吐司就會分成兩半，所以一定要慎重的切。

豪爽地一口咬下大家最愛的炸蝦！

炸蝦三明治

材料

吐司麵包（切成4片的厚度）……1片
炸蝦……2尾
綠色沙拉菜……2片
塔塔醬……適量
義大利芹菜……適量

作法

☐ ❶ 將吐司對半縱切，從吐司邊下刀水平切開 ⅔ 做出開口。（a）

☐ ❷ 按照沙拉菜、炸蝦的順序將食材夾進切口處（b），淋上塔塔醬，
裝盤後放上義大利芹菜加以裝飾。如果覺得這樣的大小不方便食
用，可以再對半切。

a

使用麵包刀切出開口
從吐司邊下刀切開時，使用麵
包刀來切會更順暢。

b

夾入食材時講究份量感
將食材夾入麵包切口時，稍微
超出麵包之外，可營造出豐盛
的份量感。

就像在吃天丼一樣！

天婦羅吐司

材料

吐司麵包（切成6片的厚度）……1片
天婦羅（炸蝦、炸蔬菜、炸南瓜）……適量
柴魚醬油……適量

作法

❶ 柴魚醬油加水（材料份量外）稀釋，作成自己喜愛口味的天婦羅沾醬。

❷ 將天婦羅沾取沾醬後，放在麵包上。（a）

要吃之前再放上去
沾了醬汁的天婦羅，在要食用之前才放到吐司上。因為吐司麵包會吸收醬汁水分，所以要注意。

將鬆軟的可樂餅一口氣夾進吐司裡

可樂餅三明治

材料

吐司麵包
（切成4片的厚度）……1片
可樂餅……1個
高麗菜…… ½ 片
黃芥末奶油（請參照P.7）……適量

伍斯塔醬（Worcestershire
sauce）……適量
美乃滋……適量
西洋芹……適量

作法

① 高麗菜切成細絲備用。

② 吐司放進烤箱烤約4分鐘，直到呈現金黃微焦。取出後從角落水平切成兩片。（a）

③ 切開的兩片吐司，於切口斷面塗上一層黃芥末奶油。

④ 在其中一片吐司上依序放上高麗菜與可麗餅，並依序淋上伍斯塔醬、美乃滋。之後夾上另一片吐司，再對半切，用小籤子叉住固定。裝盤後以西洋芹加以裝飾。

麵包刀要水平入刀

將吐司麵包切成兩片時，從角落下刀，且要注意麵包刀需保持水平。

想要大快朵頤時的招牌菜單

豬排三明治

美味
必殺技!

材料

吐司麵包（切成4片的厚度）⋯⋯1片　　顆粒黃芥末醬⋯⋯適量

炸豬排⋯⋯1片　　伍斯塔醬（Worcestershire

高麗菜⋯⋯ ½片　　sauce）⋯⋯適量

奶油⋯⋯適量　　酸黃瓜⋯⋯適量

作法

❶ 將高麗菜切成細絲備用。

❷ 吐司放進烤箱烤約4分鐘，直到呈現金黃微焦。取出後從角落水
平切成兩片。

❸ 切開的兩片吐司，於切口斷面依序塗上奶油與顆粒黃芥末醬。

❹ 在其中一片吐司上依序放上高麗菜與炸豬排，並淋上伍斯塔醬，
再夾上另一片吐司麵包（a），對半切開，用小叉子叉住固定。
裝盤後並佐以酸黃瓜。

a

選用大塊的炸豬排
盛放在吐司上的炸豬排越大塊
越好！如此品嚐起來整體的口
味才會越平均。

吐司&苦瓜出乎意料的絕配！

苦瓜豆腐炒蛋吐司

美味
必殺技！

材料

吐司麵包（切成6片的厚度）……1片
苦瓜豆腐炒蛋……適量
奶油……適量

作法

❶ 在吐司表面塗抹一層奶油，用烤箱烤約4分鐘直到表面呈現金黃焦酥。

❷ 放上苦瓜豆腐炒蛋即可。（**a**）

a

放上苦瓜豆腐炒蛋
先挑出苦瓜放上後，再堆疊上其他食材。如此一來外表看來就會很平均且美觀。

日式家常菜搖身一變！

炒牛蒡吐司

材料

吐司麵包（切成6片的厚度）……1片

炒牛蒡……適量

黃芥末奶油（請參照P.7）……適量

美乃滋……適量

白芝麻……適量

作法

① 在吐司表面塗抹一層奶油。

② 將炒牛蒡盛上吐司後，全體淋上美乃滋（a），再撒上白芝麻即可。

美味必殺技！

利用美乃滋做出醇厚滋味

充分在每個角落都淋上美乃滋，使其與牛蒡的味道能充分混合。

一口咬下，香甜的奶油擴散於口中帶來喜悦

糖蜜地瓜吐司

材料

吐司麵包（切成6片的厚度）……1片

糖蜜地瓜……4個

黑芝麻……適量

奶油……適量

作法

1. 將糖蜜地瓜對半切開備用。
2. 糖蜜地瓜放在吐司上（**a**），以預熱過的烤箱烤約4分鐘。
3. 撒上黑芝麻，並將奶油分成3~4塊均勻地疊放上去。

整齊擺放地瓜

將糖蜜地瓜整齊擺放在吐司上，放進烤箱烤時受熱才會均勻。

連容器都可以吃，令人心滿意足的一道料理！

燉牛肉棺材板

材料

吐司麵包（切成4片的厚度）……1片
燉牛肉（即食包）…… ½包
紅蘿蔔……適量
起士粉……適量
水田芥（watercress）……適量（裝飾用）

作法

❶ 依照即食包上的指示加熱燉牛肉。紅蘿蔔切成星形，用保鮮膜包
起來微波加熱約30秒。

❷ 沿著吐司邊內側下刀向下切出約高度一半的深度，再以一樣高度
切出十字。

❸ 沿著❷的切口，將白吐司部份拔出來。外框放入烤箱烤約4分
鐘，直到呈現金黃焦酥。(a)

❹ 在吐司作成的容器內放進燉牛肉（b），撒上起士粉，放上紅蘿
蔔。最後裝盤加上水田芥當作裝飾。

美味
必殺技！

用撕的手法拔出白吐司
挖空吐司時，用手指捏住白吐
司部份撕起來。

從大塊食材開始放
先放肉、蔬菜，最後才將燉牛
肉醬汁倒進去，如此一來才能
完成漂亮的外觀。

放入整顆圓滾滾的章魚燒

章魚燒三明治

美味必殺技！

材料

吐司麵包（切成8片的厚度）……1片　　美乃滋……適量

章魚燒……4個　　柴魚片……適量

大阪燒醬汁……適量　　青海苔……適量

作法

① 先將吐司分為4等分，將各自的三角形部份切掉。從中央水平入刀，切入一半，作成口袋狀。（**a**）

② 將章魚燒放進①做出的口袋狀容器內，裝盤後旁邊可放上切下的三角形吐司。全體依序淋上大阪燒醬汁、美乃滋，撒上柴魚片與青海苔即告完成。

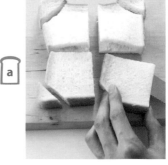

切口要確實

為了讓整顆章魚燒順利放入吐司麵包作成的小口袋，切口一定要確實。

看起來就像海苔捲壽司！外型獨特的三明治捲

海苔吐司春捲

材料

吐司麵包（切成8片的厚度）……1片
炸春捲……2根
美乃滋……適量
壽司海苔……適量

作法

① 切除吐司邊，用擀麵棍將白吐司部份壓扁擀平。海苔切成比擀平後的吐司還要大張備用。

② 吐司表面塗抹一層美乃滋。塗上美乃滋這一面疊上海苔後，另一面白吐司面朝上並排放上春卷。

③ 捲起後留下的邊緣部份塗上一層薄薄美乃滋。（a）整體捲好之後可捏一捏或滾一滾使麵包與餡料黏合後，再分段切開。

美味必殺技！

一邊壓住春捲一邊捲麵包
捲起時，一邊用手指固定住春卷一邊捲，就能捲得很漂亮。

掌握訣竅！ 做出無懈可擊的三明治吧！

三明治的由來，傳說是由一位三明治伯爵所發明，
可以輕鬆同時享用餡料與麵包的簡便食譜

切成薄片的麵包，夾上火腿、起士以及蔬菜，作成方便以手取用的
簡單輕食，這就是三明治。這個名稱的由來，傳說是來自英國海軍
大臣，第四代三明治伯爵約翰蒙塔(John Montagu,4th Earl of
Sandwich)。他非常沈迷橋牌，甚至連吃飯都嫌浪費時間，為了能
單手拿著食物同時打橋牌，他便將食材用麵包夾住後食用，這就是
現今三明治的源起。其他還有各種說法，有一說是來自政敵所刻意
散播，伯爵為人邋遢的謠言。雖然真相至今未定，但這種調理方式
已經成為麵包界的代表之一，流傳於全世界了。

單手就能方便食用的三明治
大家都喜愛 ♥

製作三明治的事前準備

除去蔬菜類的水分

使用廚房紙巾拭除蔬菜類的水
分。特別是多汁的蕃茄，可用紙
巾包起來放置一會，以去除多餘
水氣。

炸物也要事先去油

使用炸物製作時，吐司麵包會吸
收油份，導致美味的減損。所以
一樣使用廚房紙巾事先去除食材
的多餘油份。

有厚度的食材切成小塊

太厚的食材夾進麵包會讓形狀走
樣，同時也不方便食用。請切成
易於食用的大小與厚度吧。

製作三明治的步驟

富含水分的食材，是三明治的天敵。要訣就是夾進吐司麵包時，最好不要直接與麵包接觸。

鋪上西洋生菜與火腿

先鋪上徹底拭除水分的西洋生
菜，再疊上火腿。

→

疊上蕃茄

為了不讓富含水分的蕃茄直接與
麵包接觸，要用其他食材隔離。

→

疊上起士

一樣為了不讓蕃茄與另一片麵包直
接接觸，上面再疊上一片起士。如
此便能完成美味的三明治了。

如果特地做出來的三明治形狀歪斜，就不大開心囉～

為了避免這種情形，在此介紹如何做出好吃又美觀三明治的方法。

只要學會了基本，就能應用自己喜好的食材為自己、家人或心愛的人做出各種三明治了。

順利切開三明治的方法

夾入許多食材的三明治，切開時食材容易崩落導致走樣。想要切得漂亮，要訣就是壓住定點再下刀。

用保鮮膜包起來

夾入所有食材後的三明治，全體用保鮮膜包起來。

從上面施以重量

從最上面輕輕壓住，施以一定重量，約三分鐘後，麵包與食材就能結合在一起。

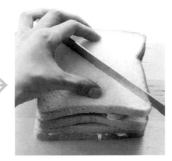

用手壓住定點切開

用手輕輕壓住幾個定點，讓夾在裡面的食材不要走位，一邊下刀切開即可。

各種切割三明治的方法

同樣是三明治，切法不同，也可享受各種不同裝盤的樂趣。依當天心情決定吧！

縱切

斜切 1

斜切 2

十字切

用三明治帶便當

容易取用&方便食用的三明治最適合帶便當了。在家裡完成的美味，原封不動的帶出門吧。

用保鮮膜包住

用保鮮膜一個一個包起來，可以讓三明治不會變形。如果使用緩衝效果的包裹素材更好。

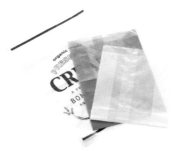

裝入袋中

配合三明治大小準備袋子。選購可愛時髦的袋子，心情就像上咖啡廳買三明治一樣。

放進盒子裡

也可以使用市面上販售的三明治專用餐盒。裝進去看起來就很美觀。

風和日麗野餐去！三明治餐盒帶著走！

在甜甜的蜂蜜芥末醬中加入咖哩增添風味

蜂蜜芥末雞肉三明治

材料

吐司麵包（切成4片的厚度）……1片
西洋生菜……1片
蕃茄……⅓ 個
洋蔥……⅛ 個
雞腿肉……¼ 片
鹽……適量
胡椒……適量
沙拉油……適量
奶油……適量
咖哩粉……少許
橄欖……適量

【蜂蜜芥末醬】
美乃滋……1大匙
顆粒黃芥末……⅓ 小匙
蜂蜜……少許

作法

1. 將生菜撕成方便食用的大小。蕃茄切片，洋蔥也切薄片。

2. 在雞腿肉上撒上鹽與胡椒。平底鍋裡放油加熱後，將雞腿肉放入煎熟。煎好的雞腿肉放涼後切成厚度5mm的薄片。

3. 吐司從角落入刀水平切成兩片，各自塗抹上一層奶油。

4. 在其中一片吐司上按照生菜、蕃茄、洋蔥、雞腿肉的順序疊放上去，再在另一片吐司撒上咖哩粉，抹上蜂蜜芥末醬後，將兩片吐司夾起來。對角線切為四等分。裝盤後佐以橄欖。

製作簡單方便、又能大快朵頤，份量充足的三明治，最適合當作餐盒&便當。
這邊介紹改變主要食材以及調味後的各種不同口味三明治便當。
看了之後，說不定會變得每天都想吃三明治囉？

香酥培根搭配蔬菜的三明治

BLT 三明治

材料

吐司麵包（切成4片的厚度）……1片
西洋生菜……1片
蕃茄……⅓ 個
培根……1片
沙拉油……適量

黃芥末奶油（請參照P.7）……適量
美乃滋……適量
柳橙……適量
義大利芹菜……適量

作法

1. 平底鍋放油加熱，將培根煎得香酥。
2. 將蕃茄切片。
3. 吐司放入烤箱烤約4分鐘，直到變得金黃微焦。烤好之後從角落水平入刀切成兩片。每一片各塗抹上一層奶油。
4. 將生菜、蕃茄、培根、美乃滋依序疊在其中一片吐司上，再夾上另一片。打橫切成三等份。裝盒後加上柳橙與義大利芹菜作為裝飾。

蔬菜三明治最重要的就是漂亮的配色

小黃瓜 & 紅蘿蔔的清爽三明治

材料

吐司麵包（切成4片的厚度）……1片
小黃瓜……½ 條
紅蘿蔔……⅓ 根
奶油起士……1大匙
鹽……適量

胡椒……適量
美乃滋……1大匙
黃芥末奶油（請參照P.7）……適量
小蕃茄……適量
水田芥……適量

作法

1. 小黃瓜切片，紅蘿蔔切成細絲。
2. 小黃瓜用鹽抓過後，擠乾水分與奶油起士攪拌均勻。
3. 紅蘿蔔上撒上鹽與胡椒抓過後，擠乾水分，與美乃滋攪拌均勻。
4. 從角落下刀將吐司麵包水平切成兩片。再對切成總共四片，各塗抹上一層奶油。
5. 將2放在其中一片吐司上，再夾上另一片。同樣的將3放在其中一片上，再夾上另一片。
6. 切除吐司邊，將小黃瓜三明治與紅蘿蔔三明治各切成三等份。裝盤後加上小蕃茄和水田芥作為裝飾。

風和日麗野餐去！三明治餐盒帶著走！

使用兩種火腿作成豪華版三明治

豪華三明治

材料

吐司麵包（切成4片的厚度）……1片
沙拉菜……適量
蕃茄……⅓ 個
火腿……2片
生火腿……1片
洋蔥……½ 個
黃芥末奶油（請參照P.7）……適量
美乃滋……適量

作法

1. 將蕃茄切片，洋蔥也切成薄片。
2. 從角落下刀水平將吐司麵包切成兩片。各自塗抹上一層黃芥末奶油。
3. 在其中一片吐司上依序放上沙拉菜、蕃茄、火腿、美乃滋、生火腿、洋蔥。再夾上另一片吐司後，以對角線切成兩半。

迅速就能完成，最具人氣的三明治

雞蛋口袋三明治

材料

吐司麵包（切成6片的厚度）……1片
水煮蛋……1顆
洋蔥……½ 個

A 　美乃滋……2大匙
　　牛奶……1小匙
　　砂糖……1撮
　　鹽……適量
　　胡椒……適量

沙拉菜……適量（裝飾用）

作法

1. 將水煮蛋與洋蔥都分別切碎。
2. 把水煮蛋、洋蔥與A混合攪拌，做成蛋沙拉。
3. 切掉吐司上下兩側的吐司邊，對半切。從斷面處再劃開一道切口，作成口袋狀。
4. 將蛋沙拉塞進吐司口袋中。裝盤後以沙拉菜裝飾。

熟悉的馬鈴薯沙拉，單手一口吃！

馬鈴薯沙拉口袋三明治

材料

吐司麵包（切成6片的厚度）……1片
馬鈴薯沙拉……適量
西洋芹……適量（裝飾用）

作法

1. 切掉吐司上下兩側的吐司邊，對半切。從斷面處再劃開一道切口，作成口袋狀。
2. 將馬鈴薯沙拉填進吐司口袋中。裝盤後以西洋芹裝飾。

用大片生菜葉捲起蔬菜與麵包

吐司條沙拉手捲

材料

吐司麵包（切成6片的厚度）……1片
小黃瓜……適量
蘿蔔……適量
紅蘿蔔……適量
沙拉菜……適量
美乃滋……適量

作法

1. 將吐司縱切成6等分，小黃瓜、蘿蔔、紅蘿蔔等蔬菜各自切成條狀。
2. 與沙拉菜以及裝入容器中的美乃滋一起裝盤，要吃的時候，以沙拉菜將麵包與蔬菜條捲起來食用。

PART

3

四方形吐司的驚人改變!!

創意吐司大變身

創意吐司食譜的 3 個要訣

1 用吐司作出想要的形狀

說到「吐司」，是否只會聯想到「四方形」呢？其實不只是吐司邊，白吐司的部份也都可以試著用刀切或做出各種形狀。

2 一邊期待成果一邊調理

享受原本應該是四角形的單調吐司，在巧手之下漸漸變身的過程。外觀改變了，吃的時候更能增添一番樂趣。試著用手邊現成的工具嘗試為吐司變身吧！

3 烤的時候多用點巧思

創意變身吐司，不只用烤箱還可以用平底鍋。如果手邊沒有製作烤三明治的機器，也可以用鋁箔紙將吐司包起來加熱等，嘗試各種有趣的調理方式。

用甜甜辣辣又多汁的菜餚當內餡，烤出酥脆的外皮

一口肉丸三明治

材料

吐司麵包（切成8片的厚度）……1片
肉丸子（即食調理包）……4顆
美乃滋……適量
香菜……適量

作法

① 將肉丸子依即食包上的標示加熱。吐司切除四邊後切成四等分，
　再水平切成8片薄片吐司。

② 在其中4片中央劃出小小的對角線切口。（**a**）

③ 另外4片上面分別各放上一顆肉丸子，上面各蓋上一片②的切口
　吐司後，四邊用叉子壓扁使其接合。（**b**）

④ 放進烤箱烤約4分鐘，直到表面呈現金黃微焦的顏色後，淋上美
　乃滋，在以香菜。

美味
必殺技！

a

切口要小一點
對角線切口如果切太大，整片
麵包有可能裂開，所以切的時
候請多注意。

b

用叉子壓扁接合
用叉子將四邊壓扁接合時，要
注意維持整體漂亮的四方形。

融化的濃稠起士美味無比

火腿起士HOT三明治

材料

吐司麵包（切成8片的厚度）……1片　　顆粒黃芥末……適量
切片起士…… ½ 片　　　　　　　　沙拉油……適量
火腿……1片　　　　　　　　　　　嫩生菜葉……適量（裝飾用）
奶油……適量

作法

① 將吐司對半切。

② 其中一片依序塗抹上奶油與顆粒黃芥末。另一片依序放上起士與
　 火腿後，將兩片吐司夾起來。

③ 用廚房紙巾沾取沙拉油薄薄塗抹於鋁箔紙上（a），將②包起
　 來。

④ 用小火加熱平底鍋後，將③放進去兩面都烤過。一面大約烤三分
　 鐘。烤好之後剝除鋁箔紙，裝盤並以嫩生菜葉裝飾。

美味
必殺技！

a

多費點工夫在鋁箔紙上塗油
如果家裡沒有刷子，直接用廚
房紙巾沾取沙拉油薄薄塗抹於
鋁箔紙上即可。

吃完後，口中盡是醇厚溫和的餘韻

法式吐司

美味
必殺技！

材料

吐司麵包（切成6片的厚度）……1片

A ┌ 蛋……1顆
  │ 牛奶……2大匙
  └ 砂糖……2小匙

奶油……適量

楓糖漿……適量

作法

① 在碗中加入A均勻攪拌混合。

② 將吐司麵包切成6等分，兩面都在①中浸過，讓麵包將蛋汁吸收進去。（a）

③ 用平底鍋加熱奶油後，放入②煎烤兩面後，裝盤淋上楓糖漿。

讓味道滲入麵包中
吐司兩面都要浸泡在A的蛋汁中，讓味道充分吸收進麵包裡。

一咬下去，美味的肉醬便滿溢口中

肉派風吐司

美味
必殺技！

材料

吐司麵包（切成8片的厚度）……1片

A ┌ 肉醬……1大匙
  └ 披薩專用起士絲……適量

奶油……適量

義大利芹菜……適量（裝飾用）

作法

① 切除吐司邊，並以擀麵棍輕壓擀平，讓吐司呈現四方形。

② 塗抹上一層奶油，中央放上A後對角線對折後包起來成三角形
（a）

③ 用叉子按壓三角形的兩邊，使麵包接合。

④ 放進烤箱烤約4分鐘，直到呈現金黃微焦。裝盤後以義大利芹菜
做裝飾。

要包成三角形
在吐司上放上肉醬內餡後，對
折成三角形包起來。

用醇厚的白醬作出的豪華烤三明治

烤起士火腿三明治

美味
必殺技！

材料

吐司麵包（切成8片的厚度）……1片　　顆粒黃芥末……適量
火腿……1片　　　　　　　　　　　白醬……1大匙
披薩專用起士絲……適量　　　　　　沙拉油……適量
奶油……適量　　　　　　　　　　　西洋芹……適量（裝飾用）

a

作法

❶ 將吐司對半切開備用。

❷ 其中一片依序塗抹上奶油與顆粒黃芥末。另一片依序疊放上白
　醬、火腿、起士，再將兩片麵包夾起來。

❸ 用廚房紙巾沾取沙拉油薄薄塗抹於鋁箔紙上（請參照P.64），將
　❷包起來。

❹ 弱火加熱平底鍋後，將❸放上去，兩面都加以燒烤。一面約烤3
　分鐘。烤好之後剝除鋁箔紙，裝盤後加上西洋芹做裝飾。（a）

用弱火慢慢烤
使用平底鍋，以弱火加熱慢慢
的烤，就能烤出漂亮的金黃
色。

令人大吃一驚！用吐司作成的「中華肉包」

肉包風味吐司

材料

吐司麵包（切成8片的厚度）……1片
冷凍燒賣……3個
沙拉油……適量
香菜……適量（裝飾用）
黃芥末……適量

美味
必殺技！

作法

① 將燒賣依照包裝標示解凍。吐司切除四邊，用擀麵棍輕輕擀平。

② 將燒賣放在吐司正中央包起來。（a）

③ 用廚房紙巾沾取沙拉油薄薄塗抹於鋁箔紙上（請參照P.64），將②包起來。鋁箔紙的開口處以扭轉方式固定。（b）

④ 放入烤箱中烤約5分鐘。烤好後剝除鋁箔紙，裝在容器內，在以香菜。也可依照喜好添加黃芥末。

a

抓住四角包起來
抓住吐司的四個角落朝中間集中，將燒賣包起來。

b

最後扭轉鋁箔紙固定住
包好之後，鋁箔紙的開口處扭轉固定，做出肉包般的形狀。

用法式吐司將法蘭克福熱狗包捲起來

美式熱狗堡吐司

材料

吐司麵包（切成8片的厚度）……1片　　沙拉油……適量

法蘭克福熱狗……1根　　　　　　　　蕃茄醬……適量

A ┌ 蛋…… ½ 顆　　　　　　　　　　黃芥末……適量
　├ 牛奶…… ½ 大匙
　└ 砂糖…… ½ 大匙

作法

❶ 切下吐司四邊，用擀麵棍輕輕擀平。將A放入碗中攪拌均勻。

❷ 將吐司其中一面浸入A後取出，以未浸泡A的另一面捲起法蘭克
福熱狗。（**a**）

❸ 平底鍋中放少許油加熱。將❷捲起的那一面朝下開始烤，烤好之
後再翻面烤遍整體。食用前淋上蕃茄醬與黃芥末醬。

美味
必殺技！

a

捲起時要仔細

捲起法蘭克福熱狗時要小心仔
細，如果太用力捲，麵包會因
此破裂。

淋在吐司上的醬汁帶來豐富醇厚的滋味！

義式千層麵焗烤吐司

美味
必殺技！

材料

吐司麵包（切成8片的厚度）……1片　　牛奶……適量

肉醬……適量　　　　　　　　　　　白醬……適量

披薩專用起士絲……適量　　　　　　西洋芹……適量

奶油……適量

作法

① 在耐熱盤中薄薄塗上一層奶油。

② 將吐司切成6等分。吐司兩面都充分沾取牛奶後，將三片並排於①中。

③ 將肉醬、白醬與起士依序疊放在②上，上面再疊上剩下的三片吐司，再重覆一次放上醬料。（a）

④ 放進烤箱烤約10分鐘，整體呈現金黃微焦色澤時即可。最後撒上切碎的西洋芹。

吐司重疊兩次

先在吐司上疊放醬料，上面再次層疊上吐司與醬料，做出豐富的份量感。

顆粒分明又酥脆的口感，像吃點心一般愉快

炒飯吐司

美味
必殺技！

材料

吐司麵包（切成6片的厚度）⋯⋯1片　　蛋⋯⋯1顆

長蔥⋯⋯ ¼ 根　　沙拉油⋯⋯適量

火腿⋯⋯2片　　醬油⋯⋯ ¼ 小匙

作法

❶ 將吐司切碎。長蔥與火腿分別切碎與切丁。

❷ 在平底鍋中倒油加熱，將打散的蛋汁炒成碎蛋後先取出備用。

❸ 再次於平底鍋中熱油。倒入麵包快炒，炒至香脆之後，加入火腿。（a）

❹ 接著加入長蔥與炒蛋繼續拌炒，沿著平底鍋邊緣倒入醬油調味，繼續炒至全體香酥金黃即可。

a

炒至顆粒分明為止
用杓子想像自己在炒飯一般快速拌炒。

培根捲吐司

材料

吐司麵包（切成8片的厚度）⋯⋯1片
披薩專用起士絲⋯⋯適量
培根⋯⋯2片
披薩醬料⋯⋯適量

A ┌ 蛋⋯⋯1顆
  └ 牛奶⋯⋯2大匙
沙拉油⋯⋯適量
沙拉菜⋯⋯適量（裝飾用）

美味
必殺技！

作法

① 將吐司縱切成四等分，其中2片塗上披薩醬汁，放上起士絲，再與另外兩片夾起來。將A放入碗中攪拌均勻。

② 將吐司兩面都充分沾取A後，外層捲上培根。（a）

③ 平底鍋中倒油加熱，將②以捲起來的那面朝下開始煎烤。全體都煎過後，取出切半，裝盤後以沙拉菜裝飾。

a

培根不要重疊在一起
用一片培根覆蓋住全體吐司，然後斜斜捲起來就不會重疊了。

滿足另一個胃！ 午茶甜點吐司超幸福♥

水果三明治的作法

說到吐司甜點的始祖，就不可不提水果三明治。鮮奶油醬加上水果的清新，美味無法擋！

將水果切片去除水分

選擇喜愛的水果切成易於食用的大小，以廚房紙巾去除水分。

吐司兩面都塗上鮮奶油醬

從角落下刀水平將吐司切成兩片。兩面都塗上鮮奶油醬。

沿著切割線排列

擺上水果

將水果擺上。切水果時注意斷面要乾淨漂亮，擺放時儘量沿著最後的切割線排列。

夾起麵包

將水果排滿至邊角之後，仔細地將兩片吐司重疊起來。

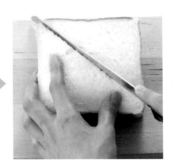

一邊按壓定點一邊切

為了不讓水果崩落變形，切開時輕輕按壓定點再下刀切。

完成

水果三明治就此完成。剖面是不是很漂亮呢？

最適合水果三明治的奶油抹醬

各種口感與甜度都不相同的奶油抹醬。依照自己的喜好選擇搭配吧。

鮮奶油醬

將市面販售的鮮奶油（50g）與砂糖（5g）混合，整碗放置於冰塊上10分鐘即可。

奶油起士

奶油起士在使用前先取出放在室溫中使其軟化，會更方便塗抹。

優格

將市販優格放在茶壺濾網中一個晚上，以去除水份。因為富含水分的緣故，作成三明治容易滴落，所以比較適合用在烤三明治上。

吐司麵包一般來說比較容易拿來當作主食，但是有時也能作成甜點。
除了廣為人知的水果三明治之外，只要花點心思也能變化出不少創意甜點。
一起品嚐甜～蜜蜜的吐司甜點吧。

用即溶咖啡就能完成，帶點苦味是最大的特徵

摩卡法式吐司

材料

吐司麵包……1片

A ┌ 蛋……1顆
　├ 牛奶……2大匙
　└ 砂糖……2小匙

奶油……適量
香草冰淇淋……適量
肉桂……適量
巧克力醬（市販品）……適量

【咖啡醬】
即溶咖啡粉…… 1/4 小匙
熱水……1小匙

薄荷……適量

作法

1. 在碗中放入A攪拌混合
2. 將吐司分為 6 等分，兩面都浸於1中，充分
   吸收A。
3. 平底鍋中放入奶油加熱，將2放入煎烤兩面。
4. 放入容器中，撒上肉桂粉，並放上香草冰淇淋。
5. 淋上巧克力醬與咖啡醬。撒上薄荷。

蔬菜搖身一變成為甜點

烤蕃茄吐司佐香草冰淇淋

材料

吐司麵包（切成6片的厚度）……1片
蕃茄…… 1/3 個
麵粉……適量
奶油……適量
香草冰淇淋……適量
百里香……適量

作法

1. 將蕃茄切成兩片薄片，用廚房紙巾夾住去除
   水分後，敷上一層麵粉。
2. 吐司塗抹一層奶油，放入烤箱烤約4分鐘直到
   呈現金黃微焦的色澤。
3. 平底鍋放入奶油加熱後，煎烤1。
4. 依序在吐司上放上3、香草冰淇淋，並添加百
   里香。

滿足另一個胃！午茶甜點吐司超幸福♥

奶油起士的醇度＆酸味令人上癮

QQ 紅豆麵包 Ⅰ

材料

吐司麵包
（切成8片的厚度）……1片
奶油……適量
奶油起士……適量
涮涮鍋用小塊麻糬……1塊
蜜紅豆……1大匙
沙拉油……適量

作法

1. 吐司對半切開，各自於單面塗抹上奶油。
2. 在其中一片吐司上依序放上奶油起士、麻糬、蜜紅豆，再用另一片夾起來。
3. 用廚房紙巾沾取沙拉油薄薄塗抹於鋁箔紙上（請參照P.64），將2包起來。
4. 用弱火加熱平底鍋，放上3煎烤兩面，一面約烤3分鐘。

有如水果餡蜜一般的滋味

QQ 紅豆麵包 Ⅱ

材料

吐司麵包
（切成8片的厚度）……1片
奶油……適量
蜜紅豆……1大匙
涮涮鍋用小塊麻糬……1塊
蜜柑（罐頭）……6片
沙拉油……適量

作法

1. 吐司對半切開，各自於單面塗抹上奶油。
2. 在其中一片吐司上依序放上蜜紅豆、麻糬、蜜柑，再用另一片夾起來。
3. 用廚房紙巾沾取沙拉油薄薄塗抹於鋁箔紙上（請參照P.64），將2包起來。
4. 用弱火加熱平底鍋，放上3煎烤兩面，一面約烤3分鐘。

份量十足，滿足另一個胃！

巧克力香蕉吐司

材料

吐司麵包
（切成6片的厚度）……1片
香蕉……½根
奶油……適量
玉米片……適量
鮮奶油醬
（請參照P.74）……適量
巧克力醬（市販品）……適量
香草冰淇淋……適量
薄荷……適量

作法

1. 將香蕉預先切成1cm寬長度備用。
2. 吐司塗抹一層奶油後，放入烤箱烤約4分鐘。烤好之後，切成一口大小。
3. 容器中隨意放入香蕉、吐司、玉米片、鮮奶油醬。
4. 淋上巧克力醬後，放上香草冰淇淋，最後以薄荷點綴。

可愛的一口迷你小點心

棉花糖吐司捲

材料
吐司麵包（切成8片的厚度）……1片
奶油……適量
棉花糖……4個

作法
1. 切去吐司邊，單面塗抹一層奶油，縱切成四等分。
2. 將棉花糖放在切好的吐司上捲起來，用小籤子固定即可。

鬆軟可拉出細絲的烤棉花糖好吃又好玩！

棉花糖烤吐司

材料
吐司麵包（切成6片的厚度）……1片
奶油……適量
棉花糖……9個

作法
1. 在吐司上塗抹一層奶油。
2. 將棉花糖對半切開，整齊平均排列於吐司上。
3. 放入烤箱烤約3分鐘，至全體呈現金黃微焦的色澤。棉花糖很快就會烤焦，請多注意。

INDEX 依主要食材分門別類

作者簡介

宮本千夏（MIYAMOTO CHINATSU）

1975年生。從調理師專門學校畢業後，歷經東京都內法國料理店、飯店、咖啡廳等廚房調理工作，累積了廚師經驗並習得甜點師父的技術。之後，轉換跑道成為CF的料理創意構成師助手。主要工作為向大規模食品公司提議新菜單，同時也參與商品開發業務。2005年轉為自由業。除了料理之外，也活躍於插畫方面的領域。育有一女。

國家圖書館出版品預行編目資料

1片吐司60變！/宮本千夏著；邱香凝翻譯
-- 初版.-- 臺北市 ：笛藤，2010.07
面 ； 公分
ISBN 978-957-710-556-1（平裝）
1. 點心食譜　2. 麵包
427.16　　　　　　　　　　　　　99012276

SHOKUPAN 1MAI NO RECIPE
© CHINATSU MIYAMOTO 2009
Originally published in Japan in 2009 by
IKEDA PUBLISHING CO., LTD.
Chinese translation rights arranged through
TOHAN CORPORATION, TOKYO.

定價 220 元

2011年6月27日 初版第3刷

著　　者：宮本千夏
翻　　譯：邱香凝
編　　輯：賴巧凌
封面·內頁排版：果實文化設計
發 行 所：笛藤出版圖書有限公司
發 行 人：鍾東明
地　　址：台北市民生東路二段147巷5弄13號
電　　話：(02)2503-7628·(02)2505-7457
傳　　真：(02)2502-2090
總 經 銷：聯合發行股份有限公司
地　　址：新北市新店區寶橋路235巷6弄6號2樓
電　　話：(02)2917-8022·(02)2917-8042
製 版 廠：造極彩色印刷製版股份有限公司
地　　址：新北市中和區中山路2段340巷36號
電　　話：(02)2240-0333·(02)2248-3904

訂書郵撥帳戶：笛藤出版圖書有限公司
訂書郵撥帳號：0576089-8